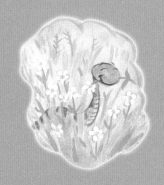

探秘波纹湾

[美] 吉姆·阿诺斯基　著/绘
洪宇　译

人民东方出版传媒
People's Oriental Publishing & Media
东方出版社
The Oriental Press

我创作这本书，是为了在孩子们心中开辟一片秘境，或者说一处心灵的港湾。在探索波纹湾的过程中，孩子们可以领会到，大自然里每种生物都有适合它们的空间。这样的空间，即便很小很小，也是它们幸福的家园。树立这样的"家园"概念，是探索、研究乃至热爱大自然的第一步。现在，环境问题日益引发大家的关注和焦虑。我希望孩子们能在克林克洛特的引导下，发现大自然里的一片片秘境，去享受家园般的安静、安心和安全。

吉姆·阿诺斯基

献给瑞安和泰勒

你好！我是森林爷爷克林克洛特。我住在大森林里。

你看见一条橙色的小蛇了吗？

它叫萨萨，是我的好朋友。

我一直在森林里找它。就在昨天，它还盘在我的帽子上晒太阳。然后，它去探险了，之后，我就没见到它了。

手杖，你觉得萨萨去哪儿了？

是在松林里，还是在野花谷？会在湖边吗？

没错！我想它就在湖边，而且我知道确切的地点。

　　那是一个神秘的地方，叫波纹湾，那里的水面总是闪闪发光，香蒲在微风中摇荡。湖边有个小码头。我们可以游泳，也可以划着小船闲逛。哦，对了，附近还有一口许愿井！

　　看，这是萨萨的踪迹。咱们就跟着它走吧。

这是我的旧渔棚，我在这里给小鸟们做窝。我敢打包票，萨萨就在里面。这里有专门给它开放的入口。你发现了吗？

波纹湾小渔屋

10

萨萨喜欢闻还没完工的木头鸟窝的
味道。它对鹪鹩的窝特别感兴趣，
喜欢从那个和小鹪鹩一样大的洞口
钻进钻出。

这个圆形
的直径是
2.5厘米

鹪鹩不在乎它们的窝
长什么样，只要洞口
不超过2.5厘米宽就
可以。

11

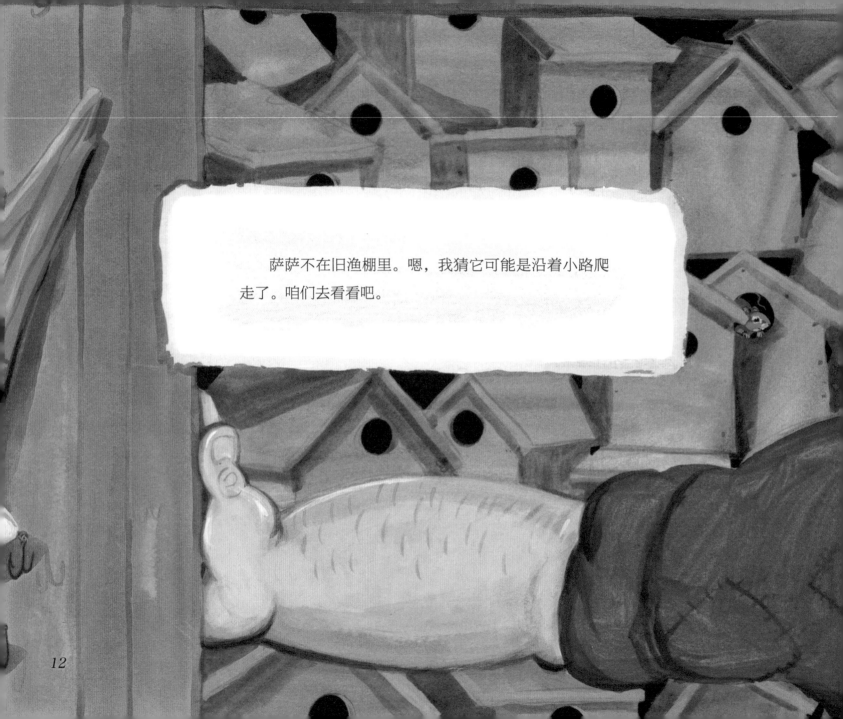

萨萨不在旧渔棚里。嗯，我猜它可能是沿着小路爬走了。咱们去看看吧。

13

对！萨萨来过这里。

我发现它的踪迹了，你看到了吗？

波纹湾的这条小路蜿蜒地穿过潮湿的森林，一直延伸到水边的香蒲丛旁。

在潮湿的丛林里，有很多东西会引起萨萨的注意。

浣熊和鹿会在松软的森林土壤中留下足迹。

有一个漂亮的梭织黄鹂巢挂在枫树树枝上。

在能渗入湖水的洼地里，麝鼠游来游去，品尝绿油油可口的蕨类植物。

15

我知道萨萨为什么会来这里。多么令人沉醉的湖景啊！香蒲丛里，大蓝鹭悠闲地在浅水中漫步，寻找小鱼吃。

不过，我很惊讶，萨萨不在这里，
她并没有盘在树根上。原本它很喜欢
看大蓝鹭捕鱼的。

反正我们也来了，那就蹚着浅水去掀起睡莲的叶子看一看吧。

也许，淘气的萨萨就藏在那里。

19

哎呀！那不是萨萨，而是一条大口黑鲈鱼！这么大的鱼，一口就能吞下它，萨萨才不会在这里。它一定是去了别的地方。

也许，我们会在水边找到萨萨。它喜欢来这里玩，用鼻子把湖边漂亮的小石头堆成一小堆一小堆的。

在波纹湾，每一块石头都有不同的颜色。有红色的，也有蓝色的，还有斑马纹的。

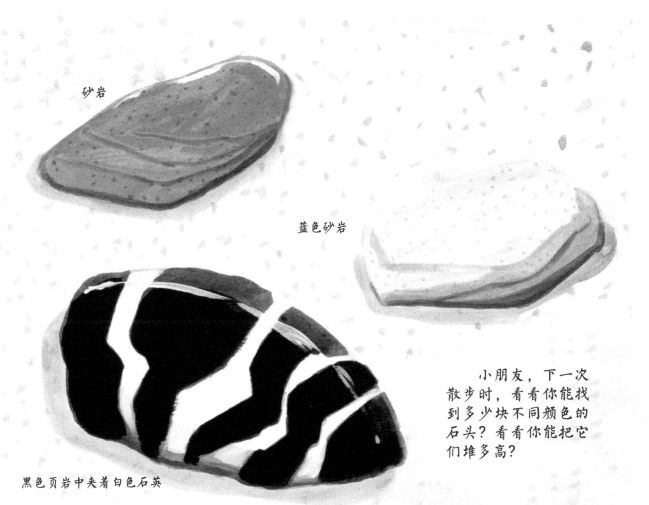

砂岩

蓝色砂岩

黑色页岩中夹着白色石英

小朋友，下一次散步时，看看你能找到多少块不同颜色的石头？看看你能把它们堆多高？

看！这是萨萨的小矿工帽，
它在天黑后去探险时才会戴上。

这个长满野草的小山坡上到处都是青蛙。萨萨昨晚一定是来数青蛙了！让我们一起来数一数，一只、两只、三只……

小朋友，你发现了多少只青蛙？

萨萨在那里，原来它在船上打盹儿呢！是我——克林克洛特，手杖和我一直在找你！

26

　　现在团聚了，让我们一起划船回到香蒲角吧！然后，我们可以沿着小路回旧渔棚，去给鸟窝上色，或者在井边许个愿。在波纹湾，我们总是玩得很开心，真希望我们每天都能来这里。

波纹湾

图书在版编目（CIP）数据

森林爷爷自然课.探秘波纹湾 /（美）吉姆·阿诺斯基著绘；洪宇译 .—北京：东方出版社，2021.11
ISBN 978-7-5207-2093-9

Ⅰ .①森… Ⅱ .①吉… ②洪… Ⅲ .①自然科学 - 儿童读物②地理 - 儿童读物 Ⅳ .① N49 ② K9-49

中国版本图书馆 CIP 数据核字（2021）第 043063 号

CRINKLEROOT'S VISIT TO CRINKLE COVE BY JIM ARNOSKY

Copyright: © 2015, 1998, BY JIM ARNOSKY

This edition arranged with SUSAN SCHULMAN LITERARY AGENCY, INC

through BIG APPLE AGENCY, INC., LABUAN, MALAYSIA.

Simplified Chinese edition copyright:

2021 Beijing Young Sunflower Publication CO.,LTD

All rights reserved.

著作权合同登记号：图字：01-2021-0149

森林爷爷自然课（全 12 册）
（SENLIN YEYE ZIRAN KE）

著　　绘：[美] 吉姆·阿诺斯基		译　者：洪　宇	
策 划 人：张　旭		责任编辑：丁胜杰	
产品经理：丁胜杰			
发　　行：人民东方出版传媒有限公司		出　　版：东方出版社	
邮　　编：100120		地　　址：北京市西城区北三环中路 6 号	
版　　次：2021 年 11 月第 1 版		印　　刷：鸿博昊天科技有限公司	
印　　数：1—10000 册		印　　次：2021 年 11 月第 1 次印刷	
印　　张：44		开　　本：650 毫米 ×1000 毫米　1/12	
书　　号：ISBN 978-7-5207-2093-9		字　　数：420 千字	
		定　　价：238.00 元	

发行电话：（010）85924663　85924644　85924641